XIAO AIYINSITAN
小爱因斯坦
SHENQI XINGQIU
DA BAIKE
神奇星球大百科

DONGWU
动物 宝宝
BAOBAO

（英）North Parade 出版社◎编著　　丁科家　于凤仪◎译

云南出版集团 晨光出版社

目录

我们是谁？

所有的动物都要繁殖后代。这是很重要的，因为繁殖可以避免物种的衰落和灭绝。

父母和宝宝

动物宝宝们的名称都是各不相同的，例如大象的宝宝被称为"小象"。

大多数情况下，都是雌性动物负责生宝宝。但是在某些非常罕见的情况下，雄性动物也会生宝宝，例如海马。大多数哺乳动物在生下小宝宝之前都会经历繁殖季节、交配季节和妊娠期。繁殖和交配季节是指雄性和雌性哺乳动物聚在一起生产宝宝的时期。妊娠期是指雌性动物孕育宝宝的时期。哺乳动物的妊娠期都各不相同，从几周到几个月不等，有的甚至会长达一年。

袋鼠宝宝在出生后就会爬进妈妈的育儿袋里，它们要一直成长到足以应对外面的世界时才会出来！

爱的关怀

所有的动物照顾宝宝的方式都各不相同。有些动物关心他们的孩子，就像我们人类的父母对自己的孩子一样体贴。但也有一些物种，如巨型水蝽和棘鱼，由它们的父亲负起照顾卵和幼崽的全部责任。除此之外，如帝企鹅，当雌企鹅去觅食的时候，雄企鹅会负责照顾它们的宝宝。之后，父母双方都会养育宝宝。某些动物的幼崽也会受到群体中其他成员的照顾。

雄性帝企鹅孵蛋并且照顾宝宝，直到雌性帝企鹅"狩猎"归来。

出生

大多数动物宝宝要么是胎生，要么是卵生。哺乳动物一般是胎生，而爬行动物、两栖动物、鸟类和鱼类则是卵生。还有些动物，如蛇，会用三种方式进行繁殖：大多数种类的蛇产卵，宝宝从卵中孵化出来；有些种类的蛇则直接产下幼蛇；某些种类的蛇，比如蝰蛇，卵在母蛇的体内生长孵化，然后，幼崽就直接诞生。

猫科动物宝宝

大型猫科动物有独特的照料幼崽方法，因为它们出生在野外，大型猫科动物的幼崽会受到很好的保护和训练，以抵御其他食肉动物的攻击。

母亲通常会用嘴衔住宝宝的脖子。

小老虎

成年雌虎通常每2.5年会产下2至4只幼崽。这使得母老虎有足够的时间抚养幼崽，并确保它们在自己再次生育前能够自立。幼崽一般出生在山洞里的草垫上，或茂密的植被中间。幼崽平均要由母虎喂养三到六个月。为了避开如鬣狗、豺和豹子之类的掠食者，母虎会将幼崽叼在嘴里，从一个栖息地转移到另一个地方。

生物简介

俗名：虎

学名：东北虎

发现于：东南亚、中国和俄罗斯

重量：1~1.3千克（2~3磅）

食物：前6~8周：母乳

6~8周后：母亲捕杀的猎物

18周后：自己捕食猎物

小猎豹

雌性猎豹一次可产下多达9只幼崽！幼崽刚出生的时候看不见东西，弱小无助，大约重150~300克（5~10盎司）。猎豹幼崽出生时，身上有斑点。它们脖子上也有毛。这种被称为斗篷的皮毛，能帮助幼崽进行自我保护。随着宝宝的成长，毛皮会慢慢脱落。母猎豹把幼崽藏在树顶，以保护它们免受狮子和鬣狗等食肉动物的侵害。

一个幸福的家庭

狮子是群居动物，同一群体内的雌性狮子会同时进行生育。这有助于狮群共同承担照顾所有幼崽的责任。幼崽出生后大约两个月的时间里，只靠母乳生活，之后母亲会用它们杀死的动物来喂养宝宝。当宝宝大一点时，母亲会教宝宝们学会捕猎，让它们自己去捕食。

幼崽们互相追逐，扭打，格斗 练习它们成年后所需的一些技能。

把它们叫起来

狼和狐狸这样的动物都会遵循季节性惯例，一年只繁殖一次。但鬣狗不遵循任何季节模式，一年中，任何时间都可以繁殖。

小狐狸

成年雄赤狐和雌赤狐结成终身伴侣。赤狐妊娠期有近两个月。雌赤狐在生育前和分娩后都不会离开巢穴。雄赤狐在这期间会为它提供食物。雌狐一次会生产4到13个宝宝。宝宝刚生下来时看不见东西，10~14天后开始拥有视力。这些宝宝在出生四周后会离开巢穴，但继续以母乳为食，并持续八到十周左右。

> 生物简介
>
> 俗名：红狐狸
> 学名：赤狐
> 发现于：美国和加拿大
> 颜色：出生时是棕色的
> 重量：50~150克（1.7~5.2盎司）
> 食物：母乳、小昆虫和啮齿动物

狐狸宝宝在十个月大的时候就可以独立生活了。

团体照护

狼的幼崽出生的时候，既看不见也听不见。它们会在巢穴里被母亲照顾三个星期。这段时间，母亲会把它们舔舐干净，甚至还会吃掉它们的排泄物，来保持巢穴的清洁卫生。幼崽在两周内开始能够看见东西，它们四周大的时候，可以在巢穴附近活动。同时，它们也会在这段时间里开始吃肉，八周后它们才会断奶。

斑点鬣狗的幼崽在二到六周时，会被母亲转移至一个公共的巢穴内生活。

狼妈妈的奶含有抗体，能使幼崽变得更强壮，因此，狼妈妈会鼓励宝宝们吮吸母乳，直到它们两个月大为止。

适者生存

斑点鬣狗的新生儿体重约1~1.6千克(2.2~3.6磅)，它们出生时就可以睁眼，且长有牙齿。因为具有优势的幼崽会获得更多的食物并且成长速度更快，所以宝宝们会在出生后不久，开始互相打斗——这往往会导致较弱的幼崽死亡。幼崽吃含有丰富的蛋白质和脂肪的母乳，直到它们长到14至18个月大为止。

巨型宝宝

　　大型动物，如大象、河马和犀牛等，都有它们独特的生产和育儿的方式。即便是新生的幼崽，与其他动物的幼崽相比，这些宝宝们的体格也是十分巨大的。

大象和小象

　　雌性大象在动物中的妊娠期最长——达22个月！它一次一般生产一头小象。小象在出生30分钟之内，就能学会自己站立。由于雌性大象是群居生活，这可以让妈妈们选择其他雌性大象作为"临时保姆"来帮助抚养和照顾它们的小象。新生的小象一天会喝很多次母乳，总量将近11升（3加仑）。

> 有营养的母乳，有助于小象快速成长：每天它们的体重都会增加1千克（2磅）。

生物简介

俗名：大象
学名：象
发现于：亚洲和非洲
重量：90~115千克（158~253磅）
食物：出生到2岁：母乳

水下出生

　　雌性河马每次只生产一只小河马。河马是为数不多的水下分娩的哺乳动物。刚出生的小河马会立刻游到水面呼吸。小河马吮吸母乳也是在水下。然而，当水太深时，小河马就会骑在母亲的背上休息。河马也是群居动物，同一群体内的小河马通常都会在一起玩，母亲也会将它们的宝宝交给其他雌性河马来照顾。

通过打斗赢得生育权

　　雄性犀牛们为了赢得与雌性交配的权利而互相打斗。雄性犀牛交配完成后会离开，雌犀牛会独自生下幼崽，并抚养小犀牛。犀牛的妊娠期为18个月且一次只生产一只小犀牛。小犀牛会被母亲保护得很好。就算它在出生后几周就能够进食了，母亲也会照顾它将近一年的时间。它会和母亲待在一起，直到几年后，母亲再次生育的时候。长大后的小犀牛会离开母亲，独自生活。

小河马体重27~45千克（60~100磅），长度约1米（3英尺）。

犀牛妈妈在照顾宝宝的时候，会和它建立牢固的情感联系。

有蹄动物

长颈鹿、斑马和角马等动物的脚上有硬物覆盖，因此被称为有蹄动物。

这些动物用蹄子行走和奔跑。

高高的宝宝

长颈鹿的宝宝生来就有角，一开始脑袋上的角是"平躺"着的。到它们一周大的时候，角就会"站立"起来了。

雌性长颈鹿的妊娠期长达15个月。长颈鹿是站立生产的。因此，小长颈鹿出生时，身高就会达到1.8米（6英尺）！小长颈鹿出生在固定的繁殖地，而雌性长颈鹿会年复一年地返回该地进行生育。雌性长颈鹿每天都去寻找食物，幼犊们自己互相看护。成年长颈鹿很少受到食肉动物的攻击，而小长颈鹿经常被狮子、豹子和鬣狗抓捕。当小长颈鹿长大一点时，它们会跟随母亲在野外觅食，它们会一直喝妈妈的奶直到15个月大的时候。

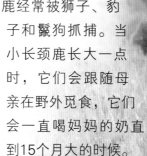

生物简介

俗名：长颈鹿

学名：长颈鹿

发现于：非洲

身高：1.8米（6英尺）

重量：68千克（150磅）

食物：母乳、嫩枝和叶子

了解自己

　　斑马在三岁时开始交配，妊娠期长达一年。小斑马出生时就非常聪明，能在出生1小时后，随斑马群走动。小斑马甚至可以在45分钟以内进行短距离奔跑！母亲们会把它们的新生幼崽同其他斑马们隔离开约2~3天。这样一来，幼崽很快就能通过视觉、听觉和嗅觉来辨认自己的母亲。刚出生时，小斑马身上的条纹是褐色和白色相间的，而随着它们逐渐长大，条纹的颜色会变为黑色和白色。

一起出生

　　整个角马群的繁殖时间都是同步的，40万只小角马会在同一时期出生。小角马可在出生后几分钟内奔跑。小角马出生三天后，身体就强壮到足以和角马群一起走动了。这有助于它们保护自己免受狮子、鬣狗、猎豹和豹子等食肉动物的侵害。即使小角马在出生后10天左右就开始跟随角马群一起吃草，但是它们会吃至少六个月的奶。

小斑马身上的条纹有助于伪装自己，这使得食肉动物难以区分小斑马和成年斑马。

角马幼崽出生后的几天里，奔跑的速度就足以跟上角马群了。

小小鹿角

鹿科有许多种动物，包括羚羊和驼鹿，它们都以"鹿角"为显著特征。

幼鹿可在出生几分钟内站立起来，几小时后就能行走。它总是待在母亲身旁，因为母亲非常善于保护自己的幼崽免受掠食者攻击。

小印度黑羚

雌性印度黑羚的妊娠期约五个月，一年生两只小羚羊，生产时间相隔六个月。小羚羊以母乳为食，持续大约两个星期，这之后，它们就做好了加入羚羊群的准备工作。但是，小羚羊都很无助，常会依靠父母和羚羊群的其他成员们来保护自己的安全。当小雄性羚羊们长到六个月大时，它们会加入成年的雄性群体。而小雌性羚羊在长到一岁大之前，都会和母亲待在一起。

小鹿和大鹿

鹿的雄性成员都会长鹿角，对于小雄鹿来说，它们出生时，头上就会有第一对鹿角。鹿角被包裹在天鹅绒般柔软的膜里，这种膜会存在好几个月。一旦鹿角的骨头变硬，软膜就会被撕裂。大多数幼鹿出生时，头上都有白色斑点，这些斑点会随着年龄增长而消失。母亲会将幼鹿的身体舔舐干净，直到它们没有任何气味为止，这样做是为了避免它们被捕食者发现。

生物简介

俗名：麋鹿
学名：北美麋鹿
发现于：从温带到寒带的北半球森林。
颜色：红棕色
体重：出生时约14千克（31磅），
　　　六个月时约113千克（250磅）。
食物：母乳和植物

出生后的几个星期里，小麋鹿都会躲藏在
母亲身后，以免被食肉动物发现。

雌性印度黑羚在幼崽出生最开始的几天
里，会每隔2~3个小时给它们喂一次奶。

生来就是巨型宝宝

雌性麋鹿在怀孕250天后才会生下1只小鹿，并会用有营养的母乳喂养它们，使幼崽的体重迅速增加——每天大约增加1千克（2.2磅）左右。在幼崽六个月大的时候，体重会达到出生时的五倍。小鹿出生时，身上有斑点。随着逐渐长大，斑点会逐渐消失。小鹿的身体是没有气味的。这一点非常重要，因为这可以防止食肉动物通过嗅觉搜寻到幼崽。母鹿和小鹿会发出一些声音来掌握彼此的踪迹。在危难之时，小鹿会通过鸣叫声向母亲传递信息，母亲也会发出叫声。母鹿会保护幼崽长达一年时间，直到它准备再次繁殖为止。

猿和猴子宝宝

猿和猴子非常关心它们的宝宝。由于母亲不经常繁殖，所以它能有更多时间陪伴自己的宝宝。

母猩猩花很多时间陪她的宝宝玩耍，并且给她的宝宝梳理打扮。

害羞的宝宝

雌性大猩猩的繁殖周期比较缓慢。在它们40~50年的生命历程中，可能只会生两到六个宝宝。它们没有固定的交配季节，雌性大猩猩在怀孕八个月后生育。它们通常每六到八年生育一个宝宝。一个新生的大猩猩宝宝体重约1.8千克（4磅）。它和母亲会一起度过出生后最初的几个月，在四五个月大的时候，它们才会开始走路。虽然宝宝在八个月大时已可以开始进食固体食物了，但它们会一直喝母乳直到三岁。

生 物 简 介

俗名：山地大猩猩
学名：山地大猩猩
发现于：中非
重量：1.8千克（4磅）
食物：母乳和植物

黑猩猩宝宝

黑猩猩身上都是黑色的毛发，但小黑猩猩的臀部都有一簇白色毛发。新生儿会紧紧抱住母亲，寻求温暖和庇护。母亲会用树叶做成碗状的巢，让宝宝晚上睡在里面。小黑猩猩非常顽皮，但它们会学习成年黑猩猩所需要的多种技巧，如使用工具、攀爬和摔跤等。黑猩猩通常使用声音和手势来交流，所以年长的黑猩猩常会教导黑猩猩幼崽进行模仿和学习。

年幼的黑猩猩在三岁时断奶，但在十岁之前，它们仍然会与母亲一起生活。

猴子的故事

大多数猴子妈妈照料宝宝的方式与黑猩猩相似。在幼崽出生1小时后，母亲会给它们喂奶。在出生后最初的几个月里，当母亲行走时，幼崽们会紧贴着它们的腹部。大约三到五个月大时，它们会骑在母亲的背上，直到它们长大到可以自己独立走动为止。母亲们也会花很多时间梳理宝宝们的毛发，以防止虱子和蜱的叮咬。猴子宝宝通过观察母亲的行动，来学习诸如爬树和在树枝上"荡秋千"等技巧。

看，玻利维亚松鼠猴宝宝骑在了它妈妈的背上。

育儿袋里的宝宝

雌性有袋类哺乳动物都有一个袋子，被称为育儿袋。这些动物用育儿袋来养育它们的宝宝。

"乔伊"

袋鼠宝宝的昵称叫"乔伊"。跟所有其他有袋类哺乳动物一样，它妈妈的妊娠期只有短短的31~36天。在出生之时，袋鼠宝宝的前肢就已经发育完成，让它们能够一出生就爬进妈妈的育儿袋里。它们一般会在妈妈的育儿袋里生长九个月左右。当它们开始成熟并长出毛发时，就会慢慢地不再依赖母体，最后离开育儿袋，自己去寻找食物。

粉红色的软糖

其实，考拉宝宝的昵称也叫"乔伊"。考拉宝宝也是在母亲怀孕大约35天之后诞生的。新生的考拉宝宝看起来像一颗粉红色的软糖。它刚出生时，是看不见东西的，也没有毛发和耳朵。考拉的育儿袋可以借助肌肉的力量收紧。因此，一旦考拉宝宝出生，考拉妈妈便会收紧它的育儿袋，以防止新生儿摔落而受伤。考拉宝宝出生后的前22周以母乳为食。在这期间，它们会长出头发、耳朵和眼睛。从第22至30周开始，除母乳以外，它们还会吃一种由母体提供的半流质食物。

随着身体逐渐长大，袋鼠宝宝们会在妈妈的育儿袋外面活动，一旦有危险发生，它们就会立刻钻回里面去。

兔耳袋狸宝宝

　　雌性兔耳袋狸有一个向后开口的育儿袋。在怀孕仅仅21天后，雌性兔耳袋狸就会生出2~3只幼崽。兔耳袋狸母亲的育儿袋一次能装2~3个宝宝。宝宝在育儿袋里吃70~80天的母乳，之后它们会被母亲放养在洞穴里。

向后开口的育儿袋有助于兔耳袋狸母亲在挖洞穴或寻找食物的时候，保证宝宝的安全。

　　出生五个月后，考拉宝宝就会从妈妈的育儿袋里爬出来玩，但当它感觉有危险时，就会立即返回袋里。到八个月大时，它们就会永远离开育儿袋。

生物简介

俗名：考拉

学名：树袋熊属袋熊

发现于：澳大利亚东部海岸，从阿德莱德到约克角半岛南部。

重量：小于1克（0.0022磅）！

长度：2厘米（0.78英寸）

颜色：粉红色，没有头发、眼睛和耳朵

食物：前22周：母乳

　　　22~30周：半流质食物—— 一种由母体产生的物质。

年轻的飞行家

世界上所有种类的鸟都会产卵，产下的卵都有一个坚硬的壳，可以保护幼鸟在蛋壳内部生长。鸟类会将自己的蛋进行孵化，让后代出生。

鸟巢就是家

许多鸟儿都筑巢产卵。巢一般都建在食肉动物难以发现的地方。一些巢的结构很简单，而有些却很复杂。例如织布鸟，将稻草、树叶和细枝打结编织成如同瓶子形状的鸟巢。非洲棕雨燕用自己特殊的唾液，把它的绒毛粘在棕榈叶下面做巢。它们会把鸟蛋卡在巢穴中防止掉下来。

雏鸟的"养护"

有些雏鸟孵化出来后弱小无助，而有些则是可以独立生存的。有些鸟类生来弱小，没有视力、羽毛，需要父母照顾和喂养，例如苍鹭雏鸟、猫头鹰和啄木鸟等。而有些鸟类，如鸡、鸭，生来就有良好的视力。它们的身体被羽毛覆盖着，骨架也结实，这使它们在孵化出来后，或离开巢穴后不久，就能很好地照顾自己。

为了寻找细枝筑巢织布鸟要外出飞行500多次！

雏鸟在长出羽毛或学会飞行后才会自己外出觅食。在此之前，它们的父母会喂它们自己反刍的食物。

生物简介

俗名：鸵鸟
学名：鸵鸟
发现于：非洲
重量：蛋：1.4千克（3磅）
　　　幼鸟：一年后45千克（110磅）
长度：蛋：长15厘米（6英寸），宽13厘米（5英寸）
　　　幼鸟：25厘米（10英寸，第一年）
颜色：蛋：亮白色
　　　幼鸟：灰棕色和白色
食物：种子和植物

鸵鸟是很好的父母，它们会一直照顾它们的宝宝，直到宝宝能够自己照顾自己为止。

大鸟

鸵鸟是很好的父母。雄性负责在夜间孵蛋，雌性则在白天孵蛋。这是因为在夜间，雄性鸵鸟的深色羽毛能把蛋隐藏起来，不让他人看见，而雌性的羽毛颜色较为明亮，在白天时，会与周围自然环境融为一体。雏鸟45天后就会被孵化而出。虽然它们可以在孵出后的几分钟内学会跑步，但它们在出生后的第一年里，都会被父母所跟随并喂养。

蜿蜒爬行的小宝宝

大多数爬行动物都是通过产卵并孵卵生产宝宝的 —— 它们被称为卵生动物。然而，有些爬行动物会通过分娩生产宝宝，因此被称为胎生动物。有些爬行动物把卵存放在自己体内，直到卵孵化孕育出新生命 —— 它们被称为卵胎生动物。

它们是尽责的父母吗?

蛇并不是好的父母，因为它们在产卵后不久，就抛弃了宝宝。但它们这样做，是为了确保自己不会吃掉自己的幼崽。其实也有少部分种类的蛇会自己孵蛋。它们通常把卵产在地下、洞里、圆木下或者任何其他任何适宜隐蔽的地方。眼镜王蛇会用树叶精心做巢，然后雌蛇会在里面产卵，并孵化出宝宝。雄蛇会尽全力勇敢地护卫自己的巢穴。然而，父母在卵即将孵化之前，会离开巢穴以避免自己吃掉宝宝们。

一个蛇卵中，可以孵化出不止一条小蛇呢!

布什蝰蛇孵化它们的卵的时候会连续几天不吃不喝。

蛇宝宝

蛇宝宝的外表可能会和它们的父母完全不同：例如响尾蛇，刚生下来的时候，它们的尾巴并没有"发声装置"。当它开始蜕皮后，这种"发声装置"才会长出来。大多数蛇宝宝都会随着一次次的蜕皮，逐渐继承自己父母皮肤的颜色。蛇宝宝不像它们的父母那样具有强烈的攻击性。有毒的蛇宝宝和它们的父母一样，会分泌毒液。但由于它们的尖牙较小，如果被它们咬了，其实并没有那么危险。

雌性蟒蛇用身体把卵围起来，身体不停地抖动，这就是它们孵卵的独特方式。

幼崽的撕咬

在隐蔽躲开掠食者的地方，雌性鳄鱼一次能产卵50~80枚。由于种类不同，有的母亲可能会孵卵，有的可能不会，但它们总会守着巢穴，直到卵全部孵化。土壤和植被提供的温暖，有助于蛋的孵化。当鳄鱼宝宝准备出壳时，它们会从蛋内发出持续尖锐的声音通知它们的母亲。它们的母亲就会把蛋从巢穴里挖出来，鳄鱼宝宝这时会用它们的卵齿，撕咬蛋壳，挣脱出来。有时母亲也会轻轻地把蛋放在她的嘴里，慢慢挤压，让鳄鱼宝宝从蛋里出来。与其他爬行动物不同，雌性鳄鱼从不抛弃自己的蛋或幼崽：事实上，它会一直保护幼崽不受天敌侵害。当母亲游泳的时候，鳄鱼宝宝甚至会爬进母亲的嘴巴，或者伏在它的背上。

生物简介

俗名：美洲鳄
学名：美洲鳄
发现于：美国中部、墨西哥和南美洲的部分地区。
长度：20厘米（8英寸）
颜色：青灰色带黑色条纹
食物：水中昆虫和贝类动物

鳄鱼宝宝会被母亲照顾一年左右。

它能有多小？

大多数昆虫能一次产出成百上千的卵。当然，世界上所有昆虫的数量加起来，比所有的动物加在一起还要多。某些雌性的昆虫是相当令人刮目相看的——它们不用依靠雄性授精也能繁殖！

虫子的一生

昆虫的生命周期有四个不同的阶段：卵、幼虫或若虫、蛹和成虫。卵经过一段时间的成长，会变为幼虫或若虫。幼虫的成长会经过几个阶段。每一个阶段里，它们都会经历表皮的变化，这称为蜕皮。有些昆虫会从幼虫直接长为成虫，而另一些昆虫则变成蛹，长出坚硬的外壳，保护在里面生长的宝宝。完全发育成熟后的成虫会破蛹而出。

变美丽

和大多数其他昆虫一样，蝴蝶卵在变成彩色蝴蝶之前也经过各个阶段。蝴蝶卵有坚硬的外壳，蝴蝶用分泌的黏液固定在叶子上。几周后，这些卵长成毛毛虫。毛毛虫是多足动物，整天都在寻找食物。大约两周后毛毛虫变成蛹。蝴蝶从蛹中钻出，被称为成虫。

图中展示了蚊子的生命周期。

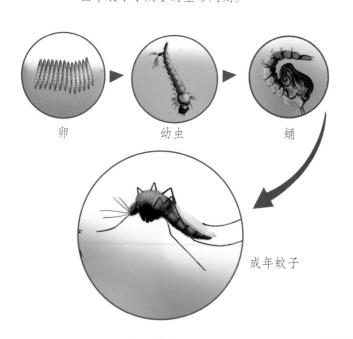

卵　　　　幼虫　　　　蛹

成年蚊子

蝴蝶从蛹中钻出的过程。
蛹在成虫钻出前的几天，
会变得透明。

女王的后宫

蜂群由一只负责繁殖被称为蜂后的
雌蜂和几千只雄蜂，以及更多的雌蜂组
成。蜂卵被安放在蜂窝里，幼虫以工蜂
酿制的蜂王浆和花朵的花粉为食。工蜂
会从许多幼虫中选择特殊的少数个体，
让它们只吃蜂王浆，目的是使它们长大
后成为蜂后。

蜂后的幼体在特殊的蜂后单间内
发育成长，这个单间比蜂巢内的
其他房间大得多。

雪地里的宝宝

北极和南极的动物在繁殖和照顾自己宝宝的方面，都呈现出独有的特征。它们的宝宝都会受到很好的保护，以抵御酷寒。同时它们很快就能学会自己照顾自己的方法。

雪窝

雌性北极熊会在地道的一端，为自己的宝宝们准备巢穴。随后，它们会用软软的雪封住巢穴的入口，使其保持温暖。在十一月底到次年一月初，雌熊通常会产下两只幼崽。它们刚生下来时是看不见东西的，身上覆盖着蓬松的白色毛发。它们这样看起来好像雪球。幼崽吃母乳，其中的脂肪含量比其他熊类的都多，这有助于它们抵御寒冷。

北极熊宝宝会和它们的母亲在一起生活两年半左右。在此期间，母亲会保护宝宝并教它们捕猎。

生物简介

俗名：北极熊

学名：北极熊

发现于：格陵兰岛、挪威、加拿大、
　　　　美国、俄罗斯和北冰洋的冰盖

重量：450~900克（16~31盎司）

食物：2岁前：母乳

外面的世界

四月左右，外面还有点冷的时候，小北极熊们会第一次走出巢穴，去看看外面的世界。母亲会带它们出海打猎、觅食。母亲会在沿途的雪地里挖一个坑，为这些幼崽提供避风的地方。小北极熊们在这些坑里休息、进食。它们也会观察自己的母亲如何捕猎海豹之类的动物，这也能帮助它们更好地学习狩猎技能。

北极熊妈妈非常爱护幼崽，如果必要，它们甚至会冒着生命危险保护宝宝。

毛茸茸的小牛

雌麝牛在夏天产仔。小麝牛生来就有一身浓密的卷毛。然而，小麝牛的毛皮还是不足以让它们抵御酷寒。所以，小麝牛经常会依偎在母亲的毛皮下获得温暖。小麝牛在出生后的头三个月里吃母乳，然后开始吃草。麝牛是群居动物，成年的麝牛成员会一起保护牛群中的幼崽。

成年麝牛们在幼崽周围形成一个朝外移动的圈，以保护它们免受诸如北极狐等掠食者的侵扰。

在寒冷中长大

企鹅和海豹等极地动物在寒冷的气候中繁衍生息。它们的宝宝很容易适应寒冷的天气。它们通常都会依偎在一起来取暖。

小帝企鹅的羽毛下面还有绒毛，有助保暖。

帝企鹅爸爸

帝企鹅是唯一一种在南极寒冷的冬天进行繁殖的鸟类。雌帝企鹅每次只生一个蛋，蛋一生下来它就会扔给企鹅爸爸。爸爸随后立即把蛋放在育儿袋里保暖。企鹅妈妈便出海，由爸爸孵蛋和照顾宝宝。帝企鹅爸爸们像海龟一样依偎在一起，来保持蛋的温暖。这些负责任的父亲在孵蛋时，既不吃也不动！

生物简介

俗名：帝企鹅
学名：帝企鹅
发现于：南极洲
颜色：全身覆盖浅灰色和白色绒羽毛
重量：450克（16盎司）
食物：父母反刍的食物

一月到三月进行抚养

四月前往60~100英里远的群居地

五月交配

雌性去寻找食物

雄性去喂食，循环重复6次

雌性返回

12月，成年企鹅离开，小企鹅长出羽毛

六月到七月雄性孵蛋

八月孵化

九月到十月喂养幼崽

十月到十一月，小企鹅群居保持温暖

该图展示了帝企鹅的食性和繁殖周期，以及它们如何抚养幼崽。

照顾小企鹅

帝企鹅爸爸的工作不会因为幼崽孵化完成而结束。孵出小企鹅后，爸爸必须喂养和照顾宝宝。它会用一种乳状流质食物来喂宝宝，直到宝宝的妈妈从海中觅食回来。当妈妈回来后，父母会一起养育宝宝，喂宝宝反刍的食物。当父母出去捕鱼时，所有小企鹅会聚集在一起，形成一个托儿所一样的组织，来保证自身的温暖和安全。父母回家后，会呼唤小企鹅。小企鹅会认出父母，并对父母的呼唤做出回应。

富含脂肪的母乳帮助海豹幼崽长大，并获得很多脂肪来取暖。

海豹幼崽

格陵兰海豹幼崽在冰上出生。它们柔软丝滑的白色毛皮能让它们与雪融为一体，避免被掠食者发现。它们会被父母照料大约12天。海豹宝宝的牙齿在进食的时候就会长出来，所以它很快就断奶了。随着它不断成长，小格陵兰海豹会从陆地来到海洋中，学习游泳。

水中的宝宝

生活在水中的动物们有许多繁殖和照顾宝宝的方法。海洋哺乳动物哺育宝宝的主要食材，就是海中的植物。

奇怪的鱼

大多数鱼在同一水域生活和繁殖。但也有一些像鲑鱼之类的鱼类，生活在咸水中，却在淡水中繁殖。鲑鱼产卵后不久就会死去，鲑鱼卵会自行孵化。幼鱼会独自旅行数百英里，回到父母生活的大海中。

美洲鳗鲡虽然生活在淡水中，但它们会出海产卵。这些卵会自己孵化，并游回父母们曾居住的那条河流。

海洋哺乳动物

鲸鱼和海豚这样的海洋哺乳动物妈妈在产下幼崽后，会用乳汁喂养宝宝。这些宝宝在出生之时，或出生不久后，就会游泳。出生后，它们会以母乳为食，其中的脂肪含量高，能让它们迅速增重。这些宝宝会在四至十一个月之间断奶，具体时间由于物种不同，而有所差别。它们在母亲身边生活约一年，在此期间，它们将学会如何生存。

成年鲑鱼游到产卵地时，会面临许多危险。

幼鲸在母亲附近游泳，并在母亲经过时产生的"滑流"中游动。

卵和其他繁殖方式

鲨鱼以三种不同的方式繁殖。有些鲨鱼是胎生，而有些鲨鱼则是卵生。还有第三种类型，在身体内部将卵孵化，然后再把幼鱼生出来。新生的鲨鱼幼崽生下来就有一整套牙齿，可以自己照顾自己。

生物简介

俗名：蓝鲸
学名：蓝鳁鲸
发现于：温带和热带水域
重量：2200~2700千克（5000~6000磅）
长度：出生时7米（23英尺）
食物：母乳和小海洋生物

鲨鱼幼崽出生后会很快游离它们的母亲，这样它们就不会被它们的母亲吃掉了！

青蛙和海龟

一些水生物，如青蛙和海龟，有独特的繁殖和养育宝宝的方式。

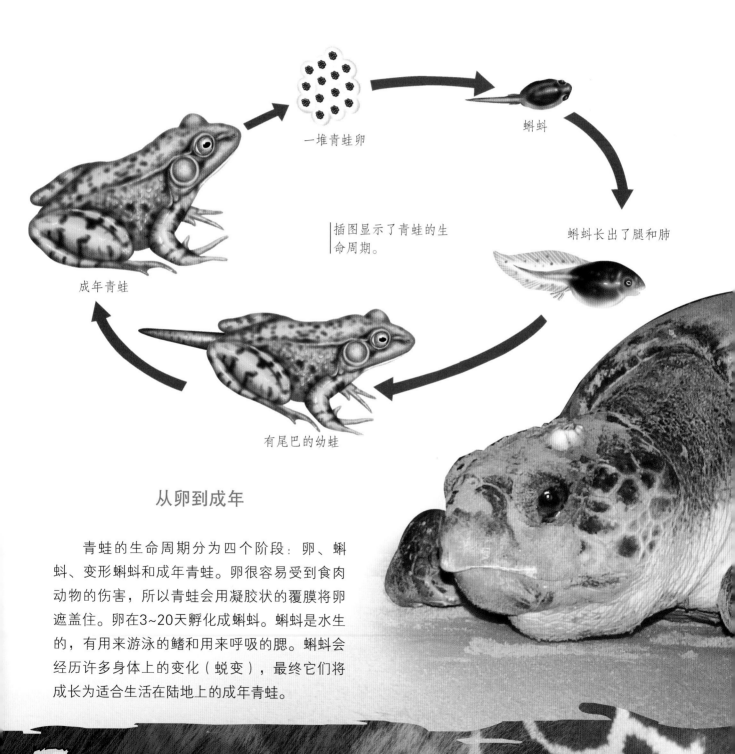

一堆青蛙卵

蝌蚪

蝌蚪长出了腿和肺

插图显示了青蛙的生命周期。

成年青蛙

有尾巴的幼蛙

从卵到成年

青蛙的生命周期分为四个阶段：卵、蝌蚪、变形蝌蚪和成年青蛙。卵很容易受到食肉动物的伤害，所以青蛙会用凝胶状的覆膜将卵遮盖住。卵在3~20天孵化成蝌蚪。蝌蚪是水生的，有用来游泳的鳍和用来呼吸的鳃。蝌蚪会经历许多身体上的变化（蜕变），最终它们将成长为适合生活在陆地上的成年青蛙。

照顾宝宝

青蛙会回到它们出生的原始池塘产卵。青蛙经常把宝宝背在背上或后腿上，以保护它们免受掠食者的袭击。雄性澳大利亚巨蛙有一个育儿袋，它们会把蝌蚪放到里面，直到它们长成幼蛙。雌性胃育青蛙会吞下它们的蝌蚪。然后蝌蚪会在母亲的胃里成长为小青蛙，"胃育"因此得名。有些青蛙还会把蝌蚪藏在发声囊里，直到蝌蚪们发育完全为止。

水和沙子

海龟在近海和海岸线附近生活。但是它们会在水中游很长的距离，到海滩上产卵和孵卵。雌海龟在晚上离开海洋去把卵产在沙子里。一个月或两个月后，卵会孵化成小海龟。小海龟用自己的卵齿将蛋壳啄破，破壳而出。这就是卵齿唯一的作用，从蛋中孵化出来后不久，它们的卵齿就会脱落。幼龟白天孵化，但天黑后才返回大海，是为了避免来自天敌的侵害。

海龟妈妈把蛋放在沙子里，然后离开。沙子的热量会加速蛋的孵化过程，直到宝宝破壳而出。

生物简介

俗名：绿海龟
学名：绿海龟
发现于：大西洋、东太平洋
长度：20~25厘米（8~10英寸）
食物：蠕虫、昆虫、草、藻类

妈妈还是爸爸？

大多数种类的动物是雌性生产宝宝。然而，海马却是雄性负责生产。也有一些种类的鱼，是由雄性伴侣抚养和照顾宝宝。

忠实的合作伙伴

海马是唯一由雄性负责生产，而非雌性的物种。大多数海马一生都只与一个伴侣生活在一起，不像有些物种会与不止一个伴侣进行交配。海马伴侣们在早上用各种身体动作互相问候。之后，它们会分道扬镳——一整天都在寻找食物。

雄刺鱼看守鱼卵，因为鱼卵需要充足的氧气来发育成长，它会用自己的鳍，将充满氧气的水浪引向鱼卵。

雄性海马会在交配的时候，炫耀自己的育儿袋来吸引雌性海马。

父亲的孩子

海马一般在五月和八月之间繁殖。雌性会在雄性的育儿袋里产下250~600枚卵。然后，雌性就会离开，留下雄性照顾这些卵。还有一些种类的海马，雌性在产卵时，会把卵存放在不止一只雄性海马的育儿袋中。经过40~50天的妊娠期后，雄性海马会开始孵化出小海马。

爸爸的关怀

在大多数动物物种中，生育和照料宝宝是母亲的责任，但也有少数动物是由雄性负责照顾宝宝。巨型水蝽就是一个很好的例子。雌性会缠在雄性的背部并将卵产在它的背上。雄性将携带卵长达整整一个月的时间，在此期间它不会进食，因为担心自己会吃掉卵。同样，雄性刺鱼也有保护受精卵的责任。雄鱼利用肾脏分泌物，将一些植物的碎片粘在一起筑巢。雌性产卵后，雄性会抚育它们，将它们平铺成薄片状，放在巢底部。它会时常检查这些卵，并将一些可能已经损坏的卵吃掉。一旦幼鱼孵化出来，雄鱼会把它们含进自己嘴中，然后送回巢里，并持续这样保护它们长达一周的时间。

雄海马将卵安全地封存在自己的育儿袋内。当它准备分娩时，育儿袋会打开，小海马会弹射出来。

生物简介

俗名：海马
学名：海马
发现于：大西洋西部和印度太平洋区域
长度：70~120毫米
食物：鱼、小虾和螃蟹

在农场

照看如牛、羊和猪这类的农场动物，需要大量的技巧和耐心。虽然动物妈妈也会照顾它们的宝宝，但是农民同样肩负护理幼崽的责任。

在小牛出生后大约三个月内，农场主们不会挤母牛的奶，这样小牛就可得到母乳的滋养。

母牛和小牛

小牛在出生45分钟内即可站立，出生2~3小时后，它就会开始吮吸母亲的乳汁。母牛的第一波奶水叫初乳，其中含有的抗体和矿物质是新生小牛维持健康必不可少的物质。妈妈舔舐自己的宝宝，来帮助它们进行呼吸、血液循环和排泄，并且形成情感纽带。小牛出生后的头几个星期通常都会跟着它的母亲。但随着它们不断成长，它们逐渐会与其他牛伙伴一起散步、一起吃草。

羊羔的饲养

世界上很多地方都饲养绵羊，来获得羊肉、羊毛和羊奶。母羊一生的生育时间大约可以持续15年左右。母羊妊娠期为四至五个月。羊的繁殖具有季节性，羊羔一般在春季和夏季出生。由于这期间天气暖和，青草多，所以这是它们出生的最佳时间段。母亲们舔舐自己的小羊，如同奶牛一样。它们会产出能使羊羔身体强壮的初乳。羊羔至三至四周龄时会断奶。

断奶后，羊羔会吃草和其他植物。

母马通常在小马出生后，就会与其他的马保持距离。不过在几周内，它们就又会重新与马群会合。

骑马漫步

成熟的雌性马被称为母马，它们的妊娠期大约11个月。家养母马会受到特殊照顾，以确保马驹能健康出生。此外，人们还会提供疫苗，以防止它们患上疾病。一旦小马出生，母马就会舔舐它们，来保持清洁，并增强它们身体的血液循环。小马通常都会在出生一小时内站起来，并吸吮母乳。小马在大约四周大的时候，就开始吃干草、谷物和青草。但是，四至八个月大的时候，它们还会继续吃母乳。

在家中

小狗在出生一个月后，会变得活泼好动。确实，它们有时会非常调皮呢！

大多数人都喜欢宠物，喜欢在家里养狗和猫。除了好好照顾它们以外，我们还要懂得如何保证幼犬或小猫的健康。

小狗的爱

小狗出生时，眼睛和耳朵都是闭着的，出生两周后才会张开眼睛和耳朵。小狗刚一出生就会吸吮母乳。小狗在三至七周大的时候，就开始长牙了。直到小狗四周大的时候母狗才会离开它们。在最初的几周里，小狗们大部分时间都睡觉，这能让它们快速成长。

成长

在头两个星期里，小狗只会在妈妈身旁爬来爬去。大多数时候，它会发出一种哀号的声音，它的小肢体偶尔也会抽搐。三周后，小狗会发出轻柔的叫声，并开始四处活动。然后，它们会开始与兄弟姐妹们玩耍和摔跤。随着时间的流逝，它们的活动量也会增加，它们发出的声音也会变得多种多样。小狗长到一岁时，就进入了成年阶段。

随着时间的流逝，幼崽会越来越像它们的父母。长毛狗的幼崽会慢慢长出跟它们父母相似的毛发。

新生的小猫在妈妈的肚子下扭动着，每一只都在争着吸吮妈妈的奶水。

猫言猫语

猫的妊娠期为60~63天，之后会生下一窝数量为4~6只的小猫。小猫刚生下来时，既听不见也看不见。母亲为了让孩子们保持体温，同时保障它们的安全，会把自己的身体蜷起来包裹住宝宝们。猫妈妈会非常积极主动地保护自己的小猫。宝宝们每隔1~2个小时会喝一次母乳。这可以让它们在一周内将体重增加一倍。像小狗一样，小猫也会把大部分时间都花在睡觉上。两周后，当它们开始获得视力和听力时，它们才会开始四处活动。

在大约三到四周大的时候，它们就会开始吃固体食物。可是，它们直到七至八周大时，才会完全断奶。

身体差异

　　许多小动物跟它们的父母一样，看起来就像父母的缩小版。例如，小狗或小象就很容易认出来。然而，有许多动物看起来和它们的父母完全不同。例如，蝴蝶的幼虫或蝌蚪，猜猜它们长大后会变成什么？它们经历了巨大的变化，才长得和它们父母的外形一样。

动物宝宝 知识点

DONGWU BAOBAO

- **放弃**：离开某物，离开。

- **积极**：强烈。

- **两栖动物**：生活在水和陆地上的生物。

- **抗体**：能预防疾病的有用化学物质。

- **鹿角**：鹿家族成员头上的长角。

- **脂肪**：脂肪。

- **伪装**：与周围环境融为一体。

- **沟通**：相互交流。

- **苦恼**：陷入困境。

- **分离**：离开某人。

- **已灭绝的**：不复存在。

- **食物**：寻找食物。

- **手势**：通过肢体语言来表达某些东西。

- **放牧**：在草地上放养。

● **卫生**：清洁和不受感染。

● **孵蛋**：让蛋保持温暖孵化。

● **独立**：不依赖于别人的食物或住所。

● **保持跟踪**：保持监视。

● **蜕皮**：蜕皮，长出新皮肤。

● **花粉**：花蕊中的黄色粉末。

● **捕食者**：捕食其他动物的动物。

● **反刍**：将半消化的食物返回口中。

- **依偎**：紧密地依靠着来取暖。

- **哺乳**：母亲用乳汁哺育幼仔。

- **同步**：同时发生。

- **出牙**：长牙。

- **疫苗接种**：预防某些致命疾病的注射。

- **发声**：从口中发出声音。

- **断奶**：停止喝母乳。

- **摔跤**：和对手搏斗。

集知识性与趣味性于一体，兼具科学的严谨性和生活的多样性！唤醒孩子们对科学的兴趣，激发他们探求科学知识的热情！本书特别适合父母与3～6岁的孩子亲子阅读或7～12岁的孩子自主阅读。

图书在版编目（CIP）数据

动物宝宝/英国North Parade出版社编著；丁科家，于凤仪译.—昆明：晨光出版社，2019.6
（小爱因斯坦神奇星球大百科）
ISBN 978-7-5414-9309-6

Ⅰ. ①动… Ⅱ. ①英… ②丁… ③于… Ⅲ. ①动物—
少儿读物 Ⅳ. ①Q95-49

中国版本图书馆CIP数据核字(2017)第322574号

著作权合同登记号 图字：23-2017-109 号

DONGWU
动物 宝宝
BAOBAO
（英）North Parade 出版社◎编著
丁科家　于凤仪◎译

XIAO AIYINSITAN
小爱因斯坦
SHENQI XINGQIU
DA BAIKE
神奇星球大百科

出版人	吉 彤
策 划	吉 彤 程舟行
责任编辑	贾 凌 李 政
装帧设计	唐 剑
责任校对	杨小彤
责任印制	廖颖坤
出版发行	云南出版集团 晨光出版社
地 址	昆明市环城西路609号新闻出版大楼
发行电话	0871-64186745（发行部）
	0871-64178927（互联网营销部）
法律顾问	云南上首律师事务所 杜晓秋
排 版	云南安书文化传播有限公司
印 装	深圳市雅佳图印刷有限公司
开 本	210mm×285mm 16开
字 数	60千
印 张	3
版 次	2019年6月第1版
印 次	2019年6月第1次印刷
书 号	ISBN 978-7-5414-9309-6
定 价	39.80元

凡出现印装质量问题请与承印厂联系调换